Inhaltsverzeichnis

Multiplizieren

Dividieren

Einmaleinsreihen

Gemischte Aufgaben

Fit in den Kernaufgaben

1 Kannst du diese Kernaufgaben lösen? Rechne aus.

2 · 3 = ____ 2 · 9 = ____

5 · 7 = ____ 1 · 4 = ____

1 · 10 = ____ 2 · 10 = ____

! **Kernaufgaben** sind Malaufgaben mit den Zahlen **1, 2, 5** und **10.**

10 · 8 = ____ 10 · 9 = ____ 5 · 6 = ____

1 · 6 = ____ 10 · 10 = ____ 2 · 5 = ____

5 · 3 = ____ 1 · 2 = ____ 5 · 4 = ____

2 Setze die Kernaufgaben zusammen.

2 · 2 | 1 · 2 | 3 · 2

4 + ____ = ____

5 · 4 | 2 · 4 | ____ · ____

____ + ____ = ____

10 · 8 | 1 · 8 | 9 · 8

____ – ____ = ____

5 · 3 | 1 · 3 | ____ · ____

____ – ____ = ____

FiT FÜR DIE SCHULE

Das kann ich!

Das kleine Einmaleins

3. Klasse

von Andrea Tonte
Illustrationen von Guido Wandrey
Coverillustration von Franziska Harvey

TESSLOFF

Vorwort

Liebe/r ______________________,

du möchtest das Malnehmen und Teilen üben, damit du richtig fit wirst?
Dann ist dieses Heft genau das Richtige für dich!

Hier übst du Schritt für Schritt das kleine Einmaleins:

- **Multiplizieren**
- **Dividieren**
- **Multiplizieren und Dividieren in den einzelnen Einmaleinsreihen**
- **Gemischte Aufgaben**

So arbeitest du mit diesem Übungsheft:

→ Trainiere mit den vielseitigen **Übungsaufgaben** das Multiplizieren und Dividieren in allen Einmaleinsreihen.

→ Auf manchen Seiten findest du einen kleinen **Lernkasten**. Die **Tipps** darin helfen dir beim Lösen der Aufgaben.

→ Hast du alles richtig? Sieh einfach selbst in den **Lösungen** nach.

Jetzt bist du fit im Malnehmen und Teilen.

Viel Spaß und Erfolg!

Tauschaufgaben

> **!** Beim Malnehmen kannst du die beiden Zahlen vertauschen. Das Ergebnis bleibt gleich.

1 Finde zu jedem Punktebild zwei Malaufgaben.

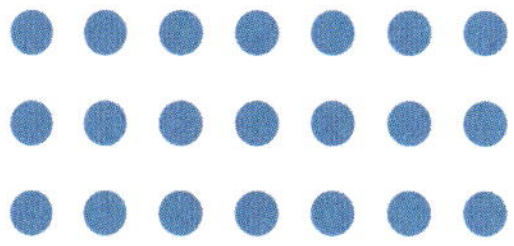

4 · 6 = ____ | ____ · ____ = ____ | ____ · ____ = ____

6 · ____ = ____ | ____ · ____ = ____ | ____ · ____ = ____

2 Bilde aus den Zahlen jeweils zwei Malaufgaben.

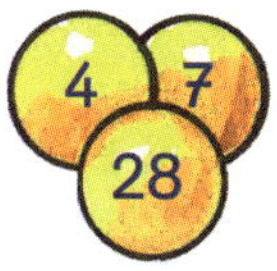

3 · 6 = ____ | ____ · ____ = ____ | ____ · ____ = ____

____ · ____ = ____ | ____ · ____ = ____ | ____ · ____ = ____

3 Male jeweils die Kernaufgabe und die passende Tauschaufgabe in der gleichen Farbe an. Rechne aus.

10 · 3 = ____

5 · 7 = ____

4 · 1 = ____

1 · 4 = ____

5 · 6 = ____

2 · 8 = ____

6 · 5 = ____

7 · 5 = ____

8 · 2 = ____

3 · 10 = ____

Quadrataufgaben

1 Zeichne ein und rechne aus.

> **!** Bei **Quadrataufgaben** nimmst du zwei gleiche Zahlen miteinander mal. Das Ergebnis heißt **Quadratzahl**.

2 · 2 = ____   4 · 4 = ____   3 · 3 = ____

2 Male alle Äpfel mit Quadratzahlen aus und notiere die passende Malaufgabe.

3 · 3 = 9

3 Welche Quadrataufgabe hatte das Salatbeet zuerst? Wie lautet die Malaufgabe jetzt?

4 · 4 = ____   ____ · ____ = ____   ____ · ____ = ____

3 · ____ = ____   ____ · ____ = ____   ____ · ____ = ____

Umkehraufgaben

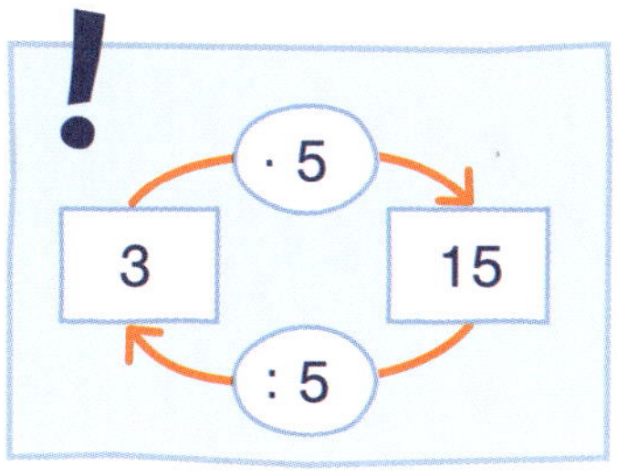

1 Rechne die Malaufgabe aus und finde die passende Umkehraufgabe.

3 · 5 = ______ ______ · ______ = ______ ______ · ______ = ______

15 : 5 = ______ ______ : ______ = ______ ______ : ______ = ______

2 Welche Stifte gehören zusammen? Rechne aus und male sie in der gleichen Farbe an.

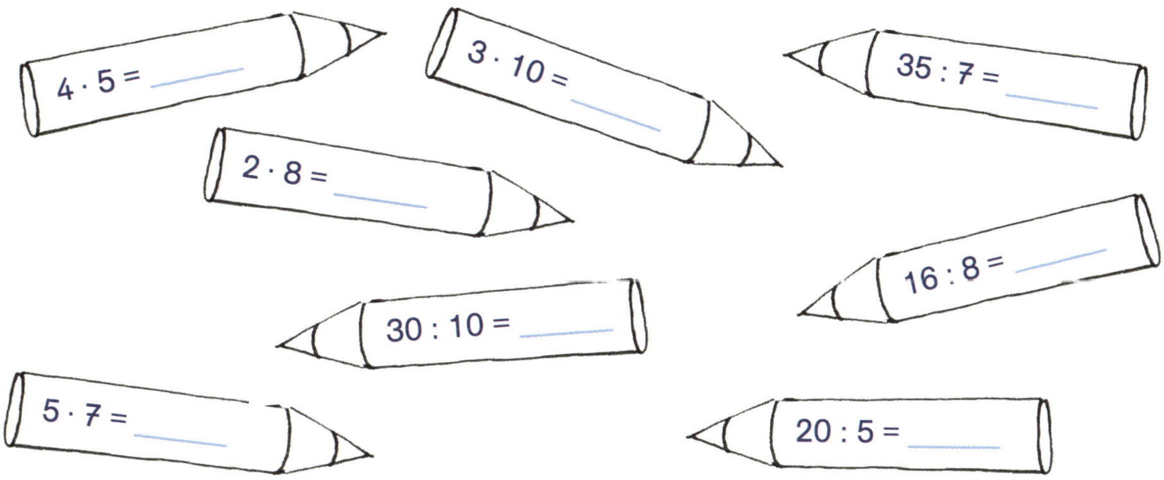

3 Notiere die Umkehraufgabe zu jeder Geteiltaufgabe.

30 : 5 = ______ 60 : 10 = ______ 18 : 9 = ______

______ · 5 = 30 ______ · ______ = ______ ______ · ______ = ______

14 : 2 = ______ 45 : 5 = ______ 10 : 10 = ______

______ · ______ = ______ ______ · ______ = ______ ______ · ______ = ______

3 Zahlen - 4 Aufgaben

1 Bilde die Tausch- und Umkehraufgaben.

2 · 9 = ___ ⟷ U ⟷ 18 : 9 = ___

9 · 2 = ___ ___ : ___ = ___

8 · 4 = ___ ⟷ U ⟷ ___ : ___ = ___

___ · ___ = ___ ___ : ___ = ___

2 Bilde aus den 3 Zahlen 4 Aufgaben. Manchmal musst du zuerst die dritte Zahl finden.

6 · 3 = ___
3 · ___ = ___
18 : ___ = ___
___ : ___ = ___

___ · ___ = ___
___ · ___ = ___
___ : ___ = ___
___ : ___ = ___

___ · ___ = ___
___ · ___ = ___
___ : ___ = ___
___ : ___ = ___

___ · ___ = ___
___ · ___ = ___
___ : ___ = ___
___ : ___ = ___

___ · ___ = ___
___ · ___ = ___
___ : ___ = ___
___ : ___ = ___

___ · ___ = ___
___ · ___ = ___
___ : ___ = ___
___ : ___ = ___

1 Verpacke die Gegenstände und löse die Rechnung dazu.

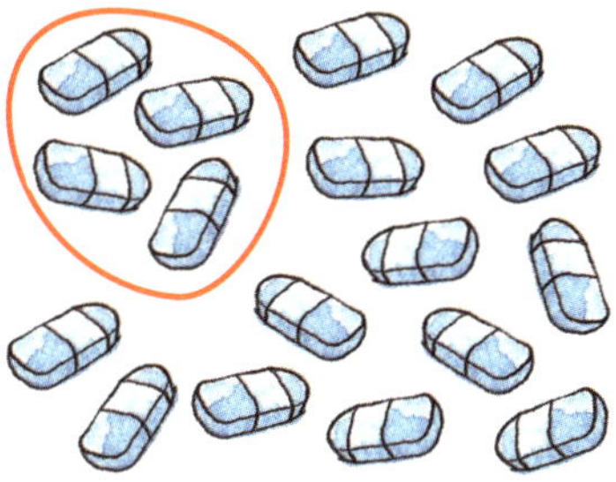

17 : 4 = ______ R ______

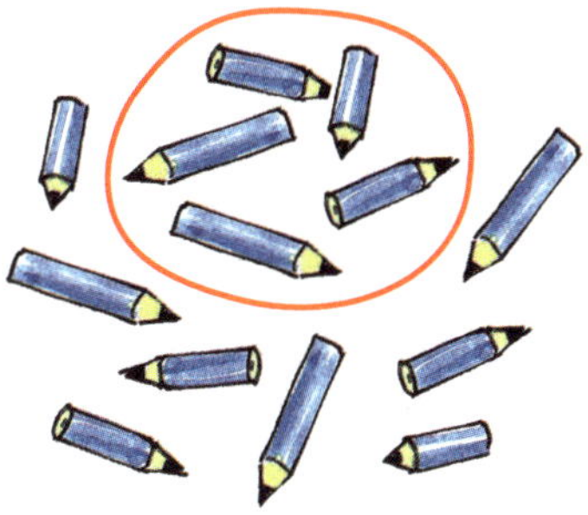

13 : 5 = ______ R ______

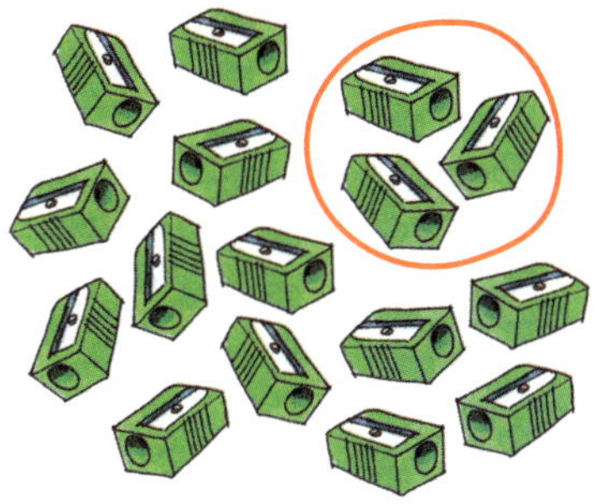

16 : 3 = ______ R ______

2 Ergänze die Einmaleinsreihe mit 5.

5 | 10 | ◯ | ◯ | ◯ | ◯ | ◯ | ◯ | ◯ | 50

3 Teile alle diese Zahlen durch 5. Trage sie beim passenden Restwert ein.

~~5~~ 40 31 11 46 42 13 24 9
8 29 25
23 6 33 22 27 37 15 34

Kein Rest	Rest 1	Rest 2	Rest 3	Rest 4
5				

Einmaleins mit 0, 1 und 2

1 Fülle die Tabelle aus.

·	1	2	3	4	5	6	7	8	9	10
1										
2										
0										

2 Rechne aus.

5 · 1 + 7 · 2 = ___

3 · 0 + 5 · 2 = ___

9 · 2 − 3 · 1 = ___

6 · 2 − 9 · 0 = ___

! Erst Punkt, dann Strich!

3 Trage die fehlenden Zahlen ein.

___ · 3 = 0   5 · ___ = 10   1 · ___ = 8

14 : 2 = ___   8 : ___ = 8   4 : ___ = 2

7 · 0 = ___   ___ · 3 = 6   ___ : 2 = 9

4 Halbiere die Zahlen.

	6	2	8	0	4	10	16	12	14	18	20
: 2	3										

1 Verbinde die Zahlen der 5er-Reihe von klein nach groß.

2 Fülle die Tabelle. Was fällt dir auf?

·	1	2	3	4	5	6	7	8	9	10
5										
10										

3 Finde die fehlende Zahl. Bilde Malaufgabe und Umkehraufgabe.

3 5 ( )

3 · 5 = ____

____ : 5 = 3

4 ( ) 40

4 · ____ = 40

____ : ____ = ____

6 ( ) 30

____ · ____ = ____

____ : ____ = ____

( ) 5 45

____ · ____ = ____

____ : ____ = ____

2 ( ) 20

____ · ____ = ____

____ : ____ = ____

( ) 10 70

____ · ____ = ____

____ : ____ = ____

Einmaleins mit 4

1 Male alle Felder aus, die zur 4er-Reihe gehören.

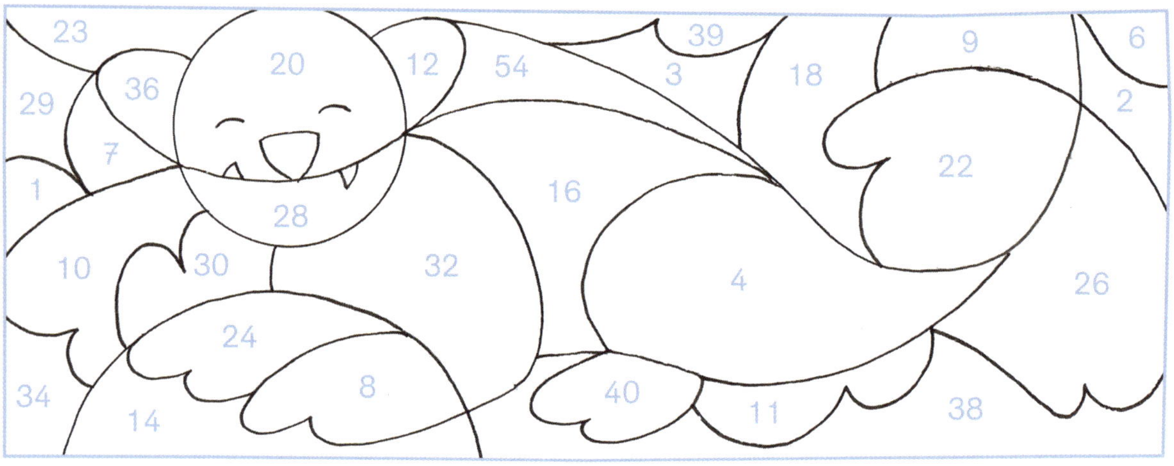

2 Welche Zahlen gehören in die Lücken?

3 · 4 = ______	16 : 4 = ______	______ · 4 = 8
______ · 4 = 0	4 · ______ = 36	20 : ______ = 4
______ : 4 = 7	32 : 4 = ______	______ · 1 = 4
6 · ______ = 24	______ : 4 = 9	______ : 4 = 10

3 Verbinde jede Aufgabe mit dem richtigen Monster.

5 : 4 23 : 4 10 : 4 18 : 4 37 : 4

15 : 4 21 : 4 31 : 4 26 : 4

1 Baue Malaufgaben mit 8 zusammen: Löse zuerst die beiden Kernaufgaben.

3 · 8 = ____	7 · 8 = ____	4 · 8 = ____
1 · 8 = ____	5 · 8 = ____	2 · 8 = ____
2 · 8 = ____	2 · 8 = ____	2 · 8 = ____

2 Dividiere durch 8.

: 8

40 = ____

48 = ____

32 = ____

72 = ____

64 = ____

80 = ____

3 Fülle die Lücken. Notiere die Umkehraufgabe.

____ · 8 = 40	⟵ U ⟶	40 : 8 =
____ : 8 = 2	⟵ U ⟶	2 · 8 =
____ · 8 = 24	⟵ U ⟶	____
____ · 8 = 56	⟵ U ⟶	____
____ : 8 = 8	⟵ U ⟶	____
____ · 8 = 48	⟵ U ⟶	____
____ : 8 = 4	⟵ U ⟶	____

Einmaleins mit 2, 4 und 8

1 Kreise die Zahlen ein.

durch 2 teilbar durch 4 teilbar durch 8 teilbar

2 4 9 20 36 18 21 12 8 45 40 27 28 48 15 33 24

2 Rechne und male aus.

2 · ___ = 6

8 · 8 = ___

4 · ___ = 20

___ · 5 = 40

4 · 8 = ___

___ · 2 = 14

___ : 9 = 4

16 : 8 = ___

16 : 4 = ___

___ : 9 = 8

___ : 10 = 2

48 : ___ = 8

___ · 4 = 0

___ : 3 = 8

40 : 4 = ___

___ · 4 = 36

2 · ___ = 2

4 · 7 = ___

1 Trage die Zahlen der 3er-Reihe in das Zahlenfeld ein.

		3							
									30

2 Male Aufgabe und Tauschaufgabe in der gleichen Farbe aus.

1 · 3 =
3 · 9 =
6 · 3 =
5 · 3 =
3 · 2 =
3 · 10 =
9 · 3 =
3 · 4 =
2 · 3 =
3 · 1 =
3 · 7 =
3 · 5 =
10 · 3 =
3 · 6 =
7 · 3 =
4 · 3 =

3 Rechne aus.

12 : 3 = ____	5 · 3 = ____	18 : 3 = ____
24 : ____ = 3	27 : ____ = 9	3 · ____ = 21
____ · 3 = 30	____ : 3 = 7	0 : 3 = ____
30 : 10 = ____	3 · 5 = ____	3 : ____ = 3
15 : 3 = ____	____ : 3 = 3	____ · 3 = 12

Einmaleins mit 6

1 Verbinde die Zahlen der 6er-Reihe von klein nach groß.

2 Rechne aus.

1 · 6 = ____	3 · 6 = ____	24 : 6 = ____	18 : 6 = ____
6 · 6 = ____	4 · 6 = ____	48 : 6 = ____	60 : 6 = ____
2 · 6 = ____	8 · 6 = ____	6 : 6 = ____	54 : 6 = ____
10 · 6 = ____	7 · 6 = ____	42 : 6 = ____	30 : 6 = ____
5 · 6 = ____	9 · 6 = ____	12 : 6 = ____	36 : 6 = ____

3 Verbinde jede Aufgabe mit dem richtigen Ufo.

25 : 6

39 : 6

59 : 6

52 : 6

11 : 6

20 : 6

34 : 6

21 : 6

50 : 6

43 : 6

1 Trage die Zahlen der 9er-Reihe am Zahlenstrahl ein. Schreibe die Zehnerstelle rot und die Einerstelle blau.

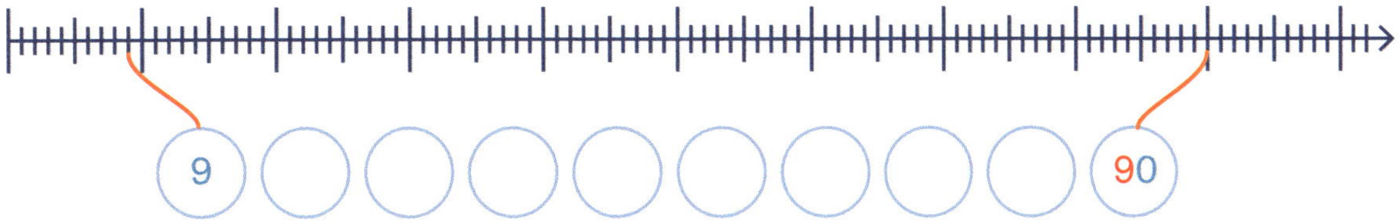

2 Vervollständige die Tabelle.

Stück	1	5	3		4		6	10	
Preis	9 €			18 €		81 €			72 €

3 Male alle Zahlen, die durch 9 teilbar sind, farbig an.

33 / 82	19 / 65	77 / 27	66 / 43	93 / 86	56 / 60
73 / 89	5 / 12	45 / 81	21 / 63	47 / 37	35 / 20
13 / 39	90 / 58	18 / 9	72 / 36	54 / 10	43 / 53
80 / 74	26 / 30	66 / 64	4 / 52	22 / 58	3 / 25

4 Rechne aus.

81 : 9 = ____	4 · 9 = ____	____ · 9 = 18	6 · ____ = 54
2 · 9 = ____	9 · ____ = 45	90 : ____ = 9	9 · ____ = 63
0 · 9 = ____	____ : 9 = 1	3 · 9 = ____	9 · ____ = 81

Einmaleins mit 3, 6 und 9

1 Fülle die Tabelle aus.

•	5	1	8	4	6	2	3	9	7	10
3										
6										
9										

2 Male Fische mit dem gleichen Ergebnis in der gleichen Farbe an.

3 Verbinde, was zusammengehört.

> **!** Malnehmen = Multiplizieren
> Teilen = Dividieren

Dividiere die Zahl 36 durch 9.	3 · 7	18
Verdopple die Zahl 9.	42 : 6	3
Multipliziere die Zahl 3 mit 7.	36 : 9	21
Halbiere die Zahl 6.	6 : 2	7
Dividiere die Zahl 42 durch 6.	2 · 9	4

Einmaleins mit 7

1 Verbinde die Zahlen der 7er-Reihe von klein nach groß.

2 Rechne. Verbinde Aufgabe und Umkehraufgabe.

5 · 7 = ____	63 : 7 = ____
9 · 7 = ____	49 : 7 = ____
6 · 7 = ____	42 : 7 = ____
4 · 7 = ____	28 : 7 = ____
8 · 7 = ____	35 : 7 = ____
7 · 7 = ____	56 : 7 = ____

3 Finde die fehlende Zahl. Bilde dann die 4 Aufgaben zu den 3 Zahlen.

7 5 ____	____ 42 6	63 ____ 7
7 · 5 = ____	____ · ____ = ____	____ · ____ = ____
5 · 7 = ____	____ · ____ = ____	____ · ____ = ____
____ : 5 = ____	____ : ____ = ____	____ : ____ = ____
____ : 7 = ____	____ : ____ = ____	____ : ____ = ____

Verwandte Aufgaben

1 Ergänze die fehlenden Zahlen.

____ · 2 = 8	____ · 2 = 16	____ · 3 = 18	____ · 3 = 36
____ · 4 = 8	____ · 4 = 16	____ · 6 = 18	____ · 6 = 36
____ · 8 = 8	____ · 8 = 16	____ · 9 = 18	____ · 9 = 36

2 Finde die Nachbaraufgaben.

6 · 2 = ____

7 · 2 = ____

8 · 2 = ____

____ · ____ = ____	____ · ____ = ____	____ · ____ = ____
3 · 8 = ____	3 · 5 = ____	2 · 9 = ____
____ · ____ = ____	____ · ____ = ____	____ · ____ = ____

3 Finde auch hier die Nachbarn. Diesmal ändert sich der 2. Faktor.

5 · 6 = ____	5 · 7 = ____	5 · 8 = ____
____ · ____ = ____	3 · 8 = ____	____ · ____ = ____
____ · ____ = ____	3 · 9 = ____	____ · ____ = ____
____ · ____ = ____	7 · 4 = ____	____ · ____ = ____

4 Schreibe die einzelnen Multiplikationen auf und addiere sie.

2 · 5 = ___

4 · 2 = ___

4 · 3 = ___

___ + ___ + ___ = ___

→ 6 · 5 = ___

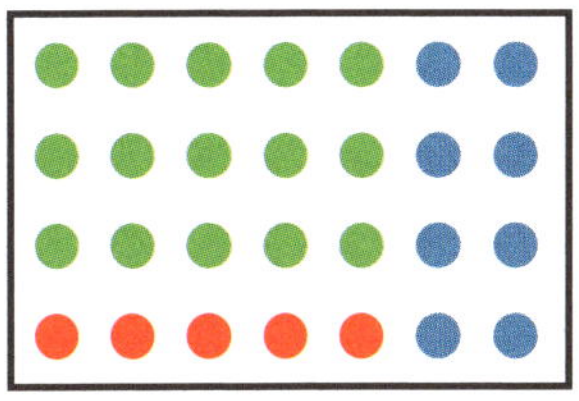

___ · ___ = ___

___ · ___ = ___

___ · ___ = ___

___ + ___ + ___ = ___

→ ___ · ___ = ___

5 Fülle die Rechenmauern aus.

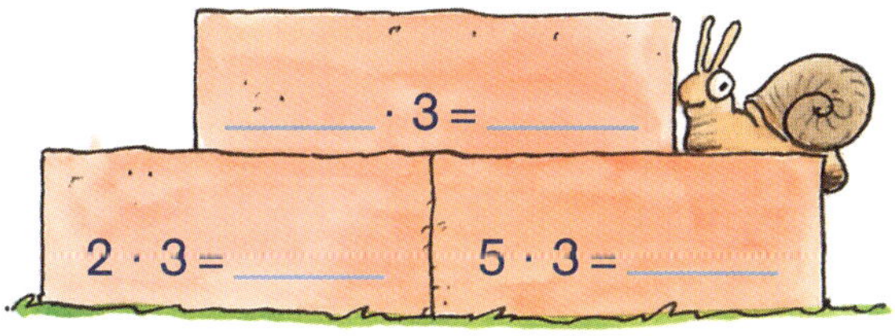

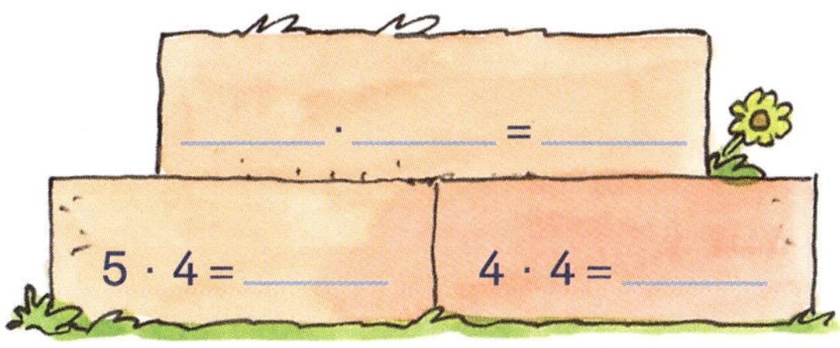

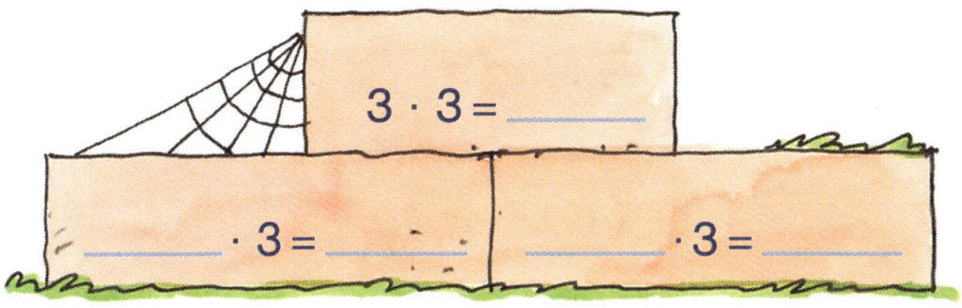

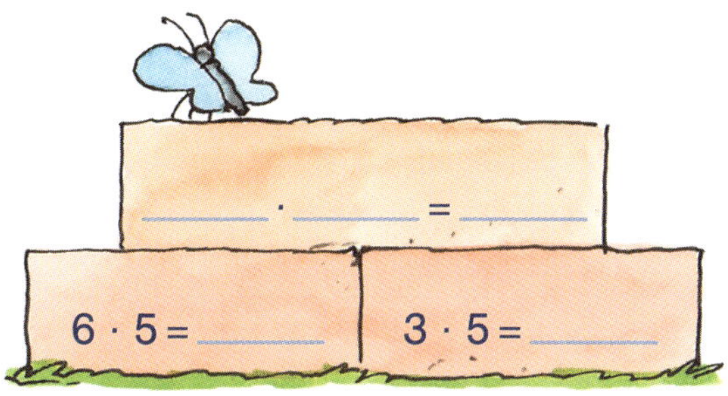

Multiplizieren mit den Zahlen von 0 bis 10

1 Immer zwei Aufgaben haben das gleiche Ergebnis. Male sie in der gleichen Farbe an.

9 · 4 | 3 · 4 | 2 · 4 | 2 · 6 | 1 · 8 | 5 · 4 | 4 · 4

10 · 4 | 8 · 5 | 3 · 6 | 8 · 2 | 9 · 2 | 6 · 6 | 10 · 2

2 Zu welcher Einmaleinsreihe gehören die Zahlen? Schreibe sie auf die Fahne und vervollständige die Zahlen auf der Rennstrecke.

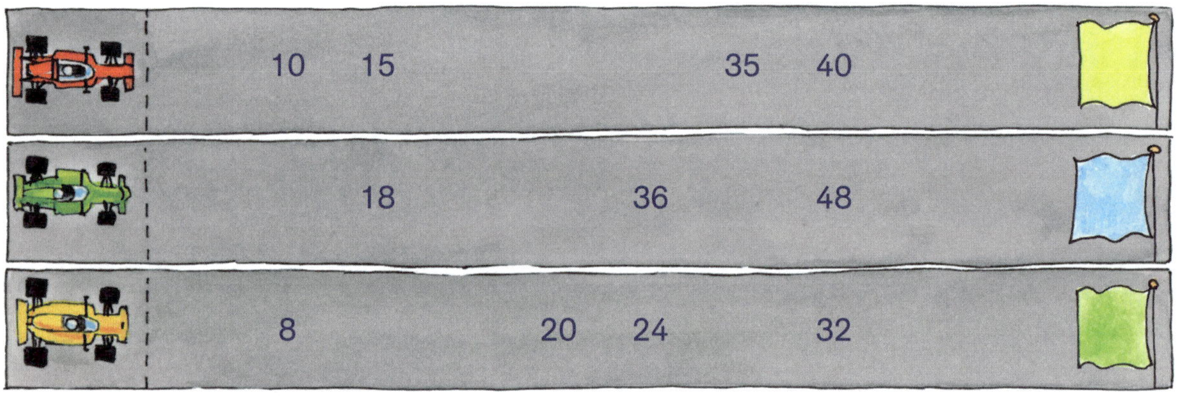

3 Welche Zahlen sind gesucht? Schreibe sie auf.

Welche Zahlen der 4er-Reihe gehören auch zur 3er-Reihe?

____

Welche Zahlen der 3er-Reihe liegen zwischen 20 und 30?

____

Welche Einmaleinsreihe hat nie eine andere Ziffer als 0 an der Einerstelle?

____

Welche Einmaleinsreihe hat im Ergebnis immer eine durch 9 teilbare Quersumme?

____

4 Verbinde jede Blume mit dem passenden Topf.

5 Fülle die Rechenräder aus.

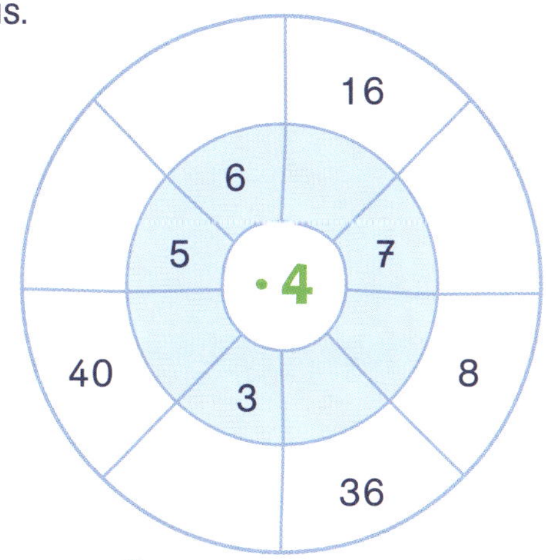

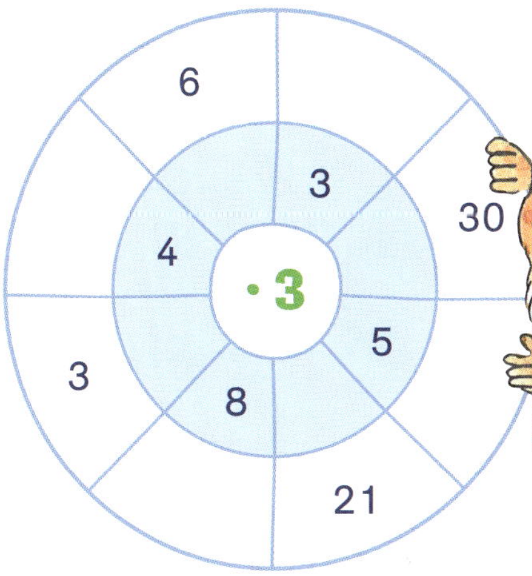

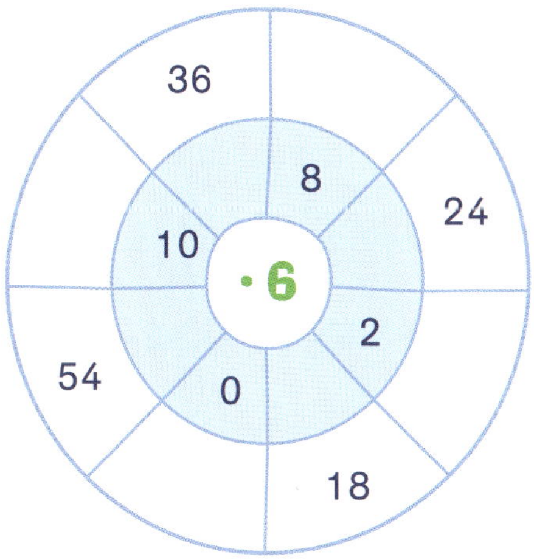

Dividieren durch die Zahlen von 0 bis 10

1 Rechne aus.

21 : 7 + 20 : 4 − 42 : 7 = ☐

63 : 9 − 25 : 5 + 12 : 2 = ☐

10 : 10 + 24 : 3 + 24 : 6 = ☐

8 : 1 + 16 : 8 − 54 : 9 = ☐

2 Vervollständige das Balkendiagramm.

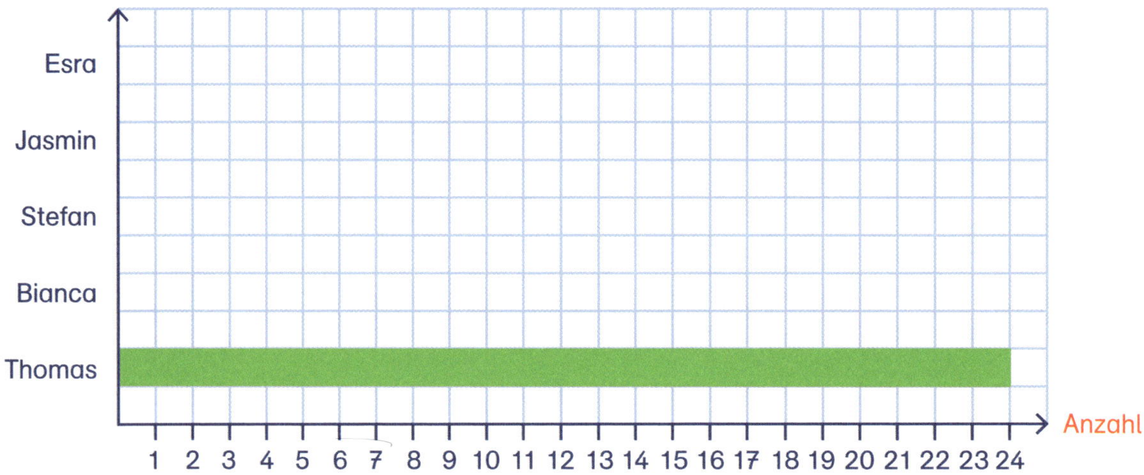

Thomas besitzt 24 Modellflugzeuge.

Bianca hat ein Viertel davon.

Stefan hat halb so viele Flugzeuge wie Thomas.

Jasmin hat 6 Flugzeuge mehr als Stefan.

Esra besitzt ein Drittel von Thomas.

3 Male die Felder in der Farbe der Ergebniszahl aus.

2 =
5 =
8 =
3 =
6 =
9 =
4 =
7 =
10 =

Multiplizieren mit Zehnerzahlen

1 Finde die Aufgaben zu den Würfelbildern.

3 · 1 = ____   2 · ____ = ____   3 · ____ = ____

3 · 10 = ____   2 · ____ = ____   3 · ____ = ____

2 Rechne zuerst die kleine Aufgabe. Male die passenden großen Aufgaben jeweils in der gleichen Farbe an und löse sie.

5 · 4 = ____

7 · 9 = ____

3 · 3 = ____

8 · 6 = ____

6 · 2 = ____

2 · 7 = ____

5 · 40 = ____

50 · 4 = ____

3 · 30 = ____

2 · 70 = ____

6 · 20 = ____

70 · 9 = ____

30 · 3 = ____

80 · 6 = ____

8 · 60 = ____

60 · 2 = ____

20 · 7 = ____

7 · 90 = ____

Multiplizieren mit Zehnerzahlen

3 Finde die beiden großen Aufgaben.

7 · 3 =   2 · 5 =   4 · 9 =

7 · 30 =

70 · 3 =

4 Setze die Reihen fort.

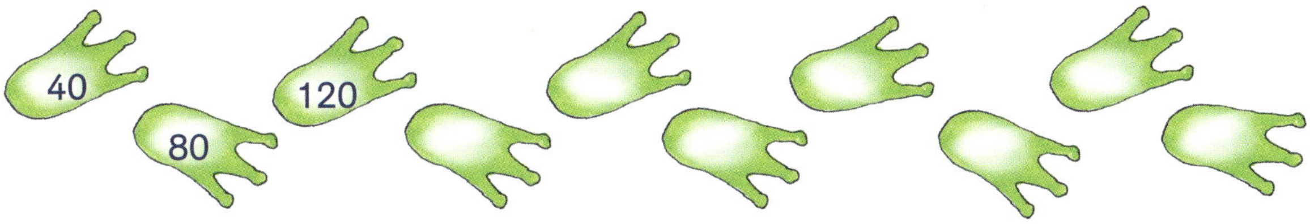

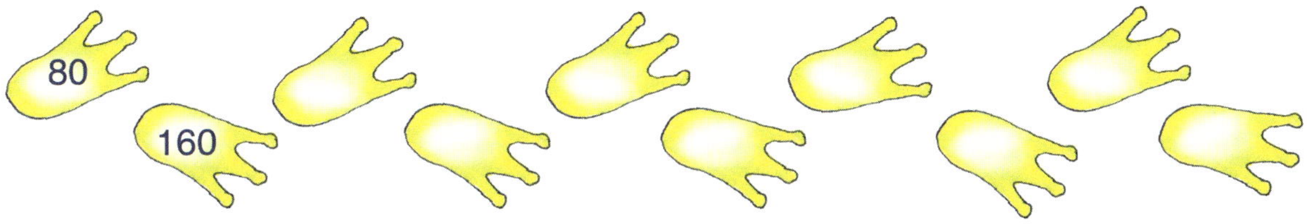

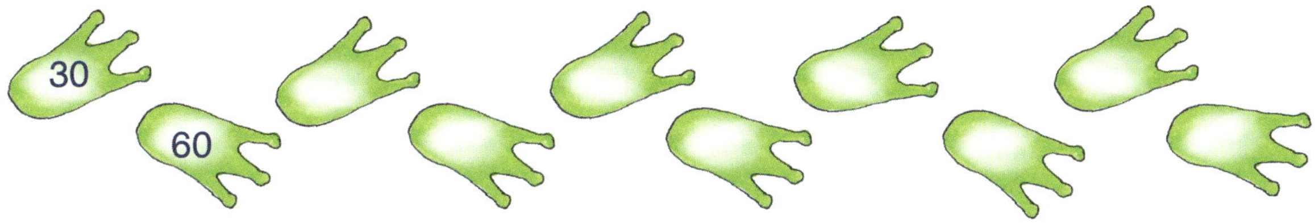

5 Löse und schreibe die Tauschaufgabe dazu. Welche Aufgabe findest du leichter? Kreise sie ein.

6 · 50 = ____   70 · 9 = ____   80 · 4 = ____

50 · 6 = ____   ____ · ____ = ____   ____ · ____ = ____

Dividieren mit Zehner- und Hunderterzahlen

1 Löse zuerst die kleine Aufgabe, dann die großen.

36 : 9 = ____ ____ : ____ = ____

360 : 9 = ____ 400 : 5 = ____

36~~0~~ : 9~~0~~ = ____ 400 : 50 = ____

____ : ____ = ____ ____ : ____ = ____

240 : 6 = ____ 160 : 2 = ____

240 : 60 = ____ 160 : 20 = ____

____ : ____ = ____ ____ : ____ = ____

180 : 3 = ____ 210 : 7 = ____

180 : 30 = ____ 210 : 70 = ____

! Wenn bei der Division beide Zahlen eine Null am Ende haben, streichst du sie bei beiden Zahlen aus:
9~~0~~ : 3~~0~~ = 3

2 Immer drei Bonbons haben das gleiche Ergebnis. Male sie in der Farbe der richtigen Schale aus.

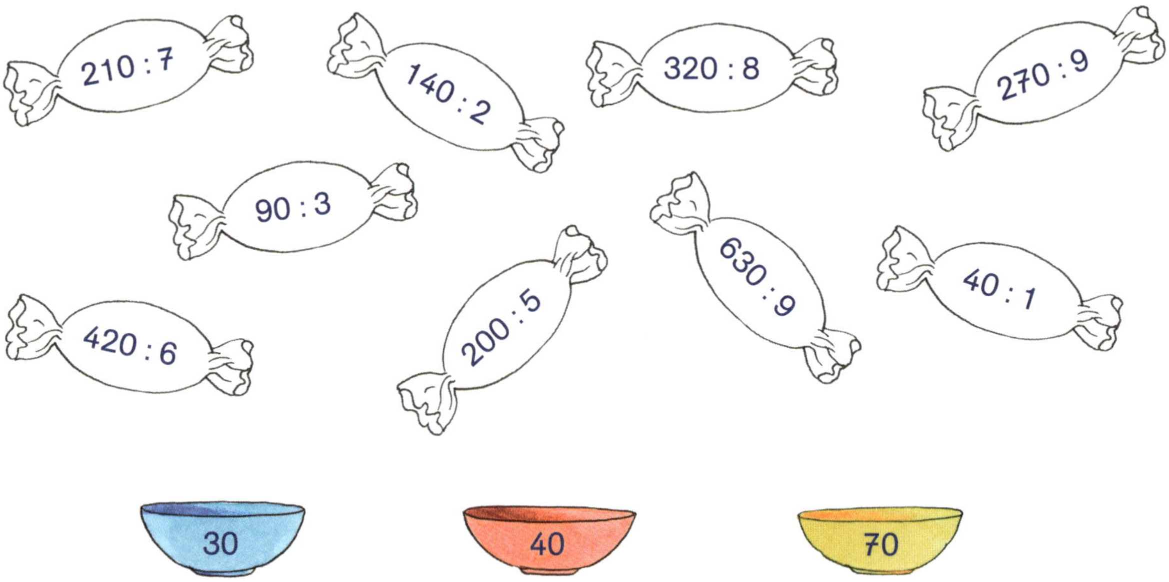

3 Rechne und verbinde mit der Umkehraufgabe.

180 : 2 = ____

120 : 4 = ____

350 : 7 = ____

420 : 6 = ____

240 : 3 = ____

____ · 7 = 350

____ · 3 = 240

____ · 4 = 120

____ · 2 = 180

____ · 6 = 420

4 Fülle die Tabellen aus.

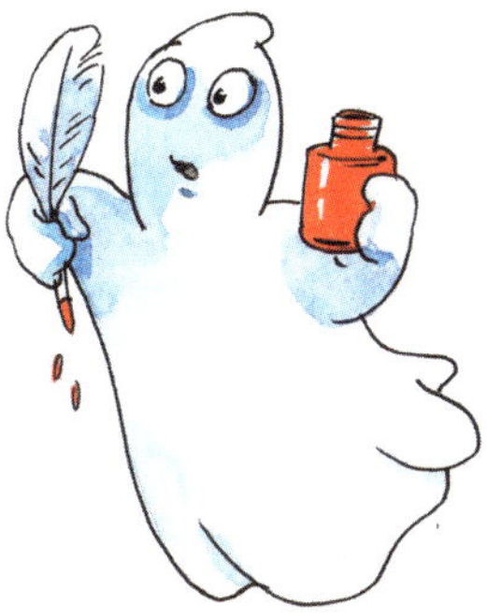

	250	500	20
: 5			

	160	36	
: 4			2

	56	560	
: 8			80

	49		560
: 7		90	

	120		60
: 6		40	

		200	
: 2	90		30

		27	
: 3	70		90

Mehrschrittige Aufgaben

1 Wer ist näher dran? Rechne und kreise ein.

5 · 7 + ______ = 40 6 · 7 – ______ = 40

2 · 9 – ______ = 17 3 · 5 + ______ = 17

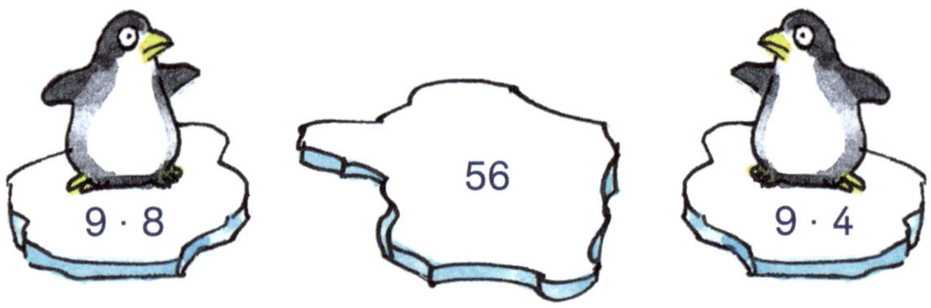

______________________ ______________________

2 Rechne aus und finde heraus, wo Pinguine leben. Denke an Punkt vor Strich!

4 · 6 + 13 = ______	T	35 – 7 · 3 = ______	I	81 – 9 · 7 = ______	A
______ · 5 + 24 = 34	T	______ + 6 · 4 = 30	A	2 · 9 – ______ = 11	R
10 + ______ · 5 = 25	S	94 – 9 · 9 = ______	N	______ · 8 + 66 = 98	K

Lösungswort:

6	13	37	18	7	4	2	14	3

Kreuz und quer durch's Einmaleins

1 Trage alle Ergebnisse in das Einmaleinsfeld ein. Beginne mit den Kernaufgaben und ihren Tauschaufgaben in den roten Feldern.

·	1	2	3	4	5	6	7	8	9	10
1										
2										
3										
4										
5										
6										
7										
8										
9										
10										

2 Kreise alle Quadratzahlen auf dem Einmaleinsfeld ein.

3 Finde diese Ausschnitte und schreibe die Aufgaben dazu.

48	54
56	

	25	
24		36

2		4
	6	

6 · 8 =

Kreuz und quer durch's Einmaleins

4 Löse die Kettenaufgaben.

5 Setze das fehlende Rechenzeichen ein: Plus, minus, mal oder geteilt.

5 ○ 4 = 9

6 ○ 6 = 36

81 ○ 9 = 9

64 ○ 8 = 56

3 ○ 4 ○ 6 = 18

5 ○ 5 ○ 2 = 23

10 ○ 3 ○ 10 = 20

32 ○ 4 ○ 4 = 4

6 Welche Zahlen fehlen? Jede weiße Zeile und jede weiße Spalte ergibt eine Aufgabe.

	:	9	=	5
−				·
	:		=	
=				=
33	−		=	15

	:	8	=	7
−				·
	:		=	
=				=
32	−		=	21

Kreuz und quer durch's Einmaleins

7 Löse die verschiedenen Aufgaben.

7 · 40 = ______

50 · 6 = ______

______ · 9 = 720

· 7	
5	
60	
	21
	560

: 6	
48	
	3
300	
	40

· 40	
3	
5	
	360
20	

4	· 60		: 30		· 6	=	
50	· 8		: 100		· 4	=	
490	: 70		· 4		: 2	–	

3 6 9 30 50 5 14 70 49 7

13 : 2 = ______ R ______

23 : 3 – ______ R ______

47 : 5 = ______ R ______

41 : 6 = ______ R ______

62 : 7 = ______ R ______

27 : 8 = ______ R ______

Kreuz und quer durch's Einmaleins

8 Welche Zahlen der Glücksräder kannst du einsetzen? Male die passenden Felder an.

____ · 6 < 50

22 < ____ · 5 < 50

____ · 4 > 30

56 : 8 > ____

320 : 80 < ____

180 : 60 < ____ < 49 : 7

9 Kreuze die Lose an, die gewinnen.

3 · 6

7 · 7

8 · 7

10 · 4

7 · 6

9 · 5

3 · 8

____ > 40

5 · 5

8 · 8

4 · 6

6 · 6

8 · 4

9 · 3

0 · 9

____ < 30

1 Lies die Aufgaben und löse sie.

In der Autowerkstatt wechselt Herr Hammer bei 7 Autos die Reifen.

F: Wie viele Reifen wechselt Herr Hammer insgesamt?

R:

A: Herr Hammer wechselt insgesamt ______ Reifen.

Frau Wagner brät 32 Kartoffelpuffer und gibt jedem der 8 Kinder gleich viele.

F: Wie viele Kartoffelpuffer bekommt jedes Kind?

R:

A: Jedes Kind bekommt ______ Kartoffelpuffer.

Am Pizzastand von Aurelio kann man eine Riesenpizza aus 10 Stücken für 20 € kaufen. Aurelio verkauft die Stücke auch einzeln ohne Aufpreis. Tommy kauft 6 Stücke und Jonas 3 Stücke.

F: ______

R:

A: Tommy bezahlt ______ € und Jonas ______ €.

2 Lies den Text genau und unterstreiche, was wichtig ist. Löse die Aufgaben.

Celina spart für ein Bauchtanzkostüm. Sie hat bereits 6 € in ihrer Sparbüchse und bekommt von Tante Claudia 2 € geschenkt. Das Kostüm kostet allerdings das 4-Fache des Betrages, den Celina bereits hat.

F: Wie viel kostet das Kostüm?

R:

A:

F: Wie lange muss Celina noch sparen, wenn sie in der Woche 4 € Taschengeld bekommt?

R:

A:

3 Finde Rechnung und Antwort.

Auf dem Straßenfest verkauft die Metzgerei Bock 70 Steakbrötchen zu je 4 €, 80 Bratwurstbrötchen zu je 3 € und 60-mal Currywurst zu je 5 €.

F: Wie viel nimmt Metzger Bock ein, wenn er 90 € Standgebühr bezahlen muss?

R:

A:

4 Lies den Text genau und löse die Aufgaben mithilfe einer Zeichnung. Schreibe die Antworten auf.

Im Schlossgarten von König Kurt II werden auf beiden Seiten des 64 m langen Weges Rosen gepflanzt. Der Abstand der Rosen soll 8 m betragen.

F: Wie viele Rosenstöcke muss der Gärtner kaufen, wenn am Anfang und am Ende des Weges Rosen stehen sollen?

Zeichnung:

A:

An der Schlossauffahrt sollen Straßenlaternen angebracht werden. Die Auffahrt zum Schloss ist 480 m lang. Die Laternen werden einseitig von Anfang bis Ende im Abstand von 80 m angebracht. Eine Laterne kostet 100 Taler.

F: Wie viel muss der König für die Beleuchtung ausgeben?

Zeichnung:

R:

A:

5 Lies die Aufgabe. Löse sie und trage die Zahlen in das Baumdiagramm ein.

Alina hat 100 € gespart. Davon möchte sie sich 3 Jonglier-Bälle zu je 4 €, 5 Tücher zu je 6 €, 4 Keulen zu je 8 € und 2 Leuchtstäbe zu je 7 € kaufen.

F: Wie viel Euro bleiben Alina übrig?

Ausgaben für Bälle: ______ €

Ausgaben für Tücher: ______ €

Ausgaben für Keulen: ______ €

Ausgaben für Leuchtstäbe: ______ €

Erspartes: ______ €

Gesamtpreis: ______ €

Restbetrag: ______ €

R:

A:

1 Löse die Zahlenrätsel mithilfe der Umkehraufgabe.

Wenn ich meine Zahl mit 6 multipliziere,
erhalte ich 42.

Die gesuchte Zahl heißt ______.

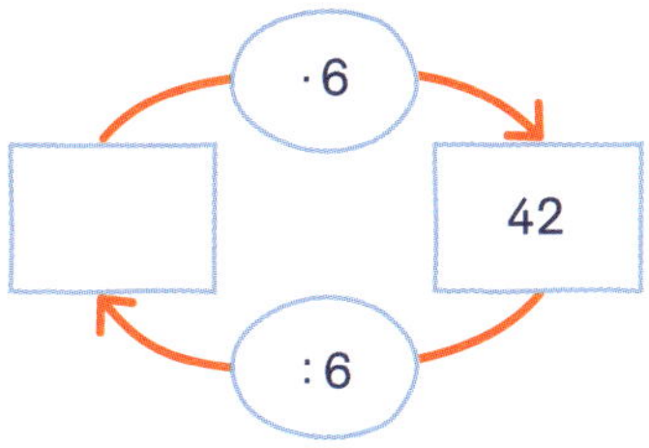

Wenn ich meine Zahl durch 3 teile,
erhalte ich 9.

Die gesuchte Zahl heißt ______.

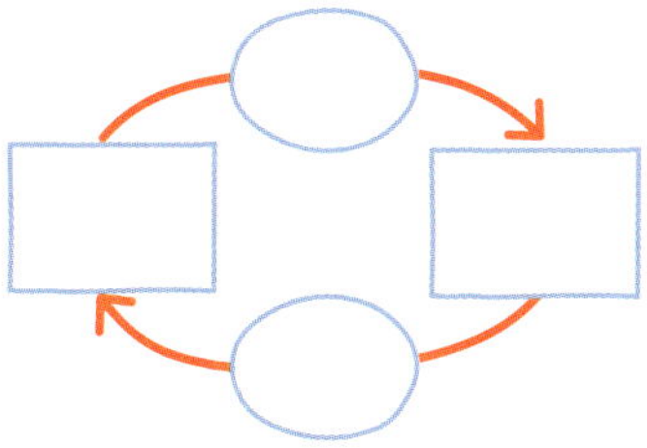

Wenn ich meine Zahl durch 5 teile,
erhalte ich das Doppelte von 4.

Die gesuchte Zahl heißt ______.

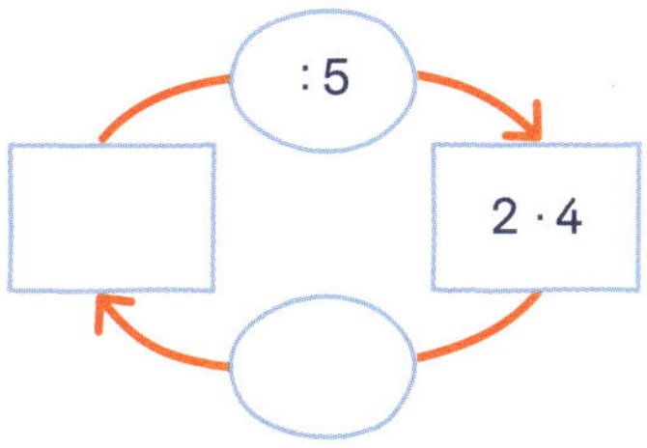

Wenn ich meine Zahl mit 6 multipliziere,
erhalte ich das 4-Fache von 9.

Die gesuchte Zahl heißt ______.

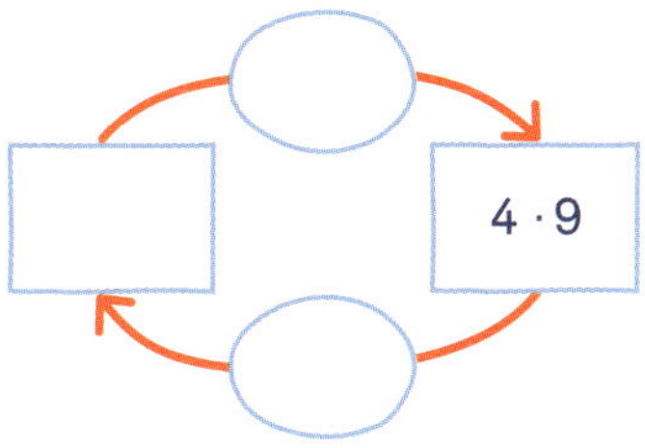

Wenn ich zu meiner Zahl 15
addiere und das Ergebnis durch 9 teile,
erhalte ich 5.

Die gesuchte Zahl heißt ______.

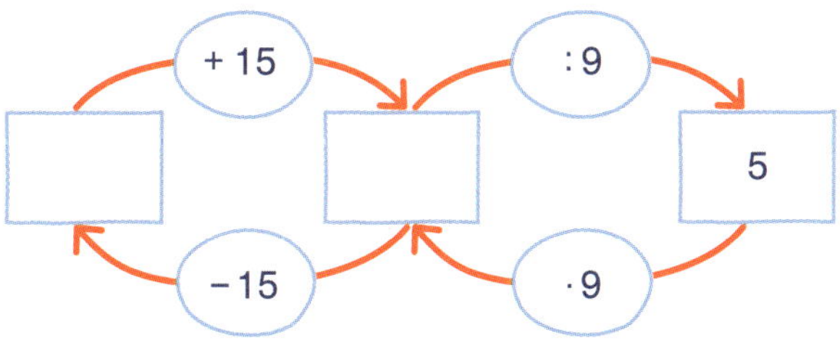

Zahlenrätsel

2 Löse die Zahlenrätsel im Kopf und trage die richtigen Buchstaben in das Lösungswort ein.

Ich verdopple die Zahl 40 und multipliziere das Ergebnis mit 3.	220 S	240 R	120 A
Meine Zahl ist 4-mal so groß wie die Hälfte von 14.	7 N	56 T	28 A
Ich multipliziere meine Zahl mit 5. Die Quersumme des Ergebnisses ist so groß wie meine Zahl.	9 P	7 E	4 S
Meine Zahl kommt in der 3er-, 5er- und 10er-Reihe vor. Sie ist kleiner als 50.	20 T	30 U	50 N
Meine Zahl ist um 8 größer als das 7-Fache von 3.	29 N	30 E	31 M
Meine Zahl liegt zwischen dem 6-Fachen von 8 und dem 10-Fachen von 5.	47 F	48 I	49 Z
Meine Zahl aus der 6er-Reihe hat doppelt so viele Zehner wie Einer.	21 A	42 E	24 O
Meine Zahl aus der 7er-Reihe hat an der Einerstelle eine 6.	56 L	36 N	46 R

Lösungswort:

1	2	3	4	5	6	7	8

1 Fünf Freunde ziehen an Halloween los, um Süßigkeiten zu sammeln. Jeder klingelt an einer anderen Haustür. Ordne den Verkleidungen die richtigen Namen, Süßigkeiten und Hausnummern zu.

	Vampir	Hexe	Pirat	Gespenst	Skelett
Name					
Geschenk					
Haus-Nr.					

Amelie hat einen Muffin bekommen und Elsi ist als Hexe verkleidet.

An der Hausnummer, die durch 7 teilbar ist, bekommt die Hexe einen Lolli.

Das Skelett klingelt an der Hausnummer, die durch 8 teilbar ist.

Der Vampir läutet an der Hausnummer, die 5-mal so groß ist wie die Hälfte von 10, und bekommt keine Kekse.

Amelie ist als Pirat verkleidet und klingelt an der Hausnummer, die nur durch 1 und sich selbst teilbar ist.

Frederik läutet an der Hausnummer, die zwischen dem 5-Fachen von 5 und 27 liegt. Er erhält Kekse.

Lukas klingelt an der Hausnummer, die doppelt so viele Einer wie Zehner hat, und bekommt Brause.

Tom darf sich Bonbons aussuchen.

Knobelaufgaben

2

Löse mithilfe des Streifenmodells.

Oma Hildegard besitzt doppelt so viele Vögel wie Hasen.
Sie hat insgesamt 15 Tiere.

15 Tiere		
______ Vögel	______ Vögel	______ Hasen

F: ____________________

R: 15 : ______ = ______   ______ · 2 = ______

A: ____________________

F: Wie viele Beine haben die Tiere zusammen?

R:

A: ____________________

3

Zeichne ein Streifenmodell und löse die Aufgabe.

Simon und Lotti basteln 45 Papierboote. Es sind 4-mal so viele rote wie gelbe.

F: Wie viele rote und wie viele gelbe Boote sind es?

Zeichnung:

R:

A: ____________________

Seite 4

1 2 · 3 = 6 2 · 9 = 18
5 · 7 = 35 1 · 4 = 4
1 · 10 = 10 2 · 10 = 20

10 · 8 = 80 10 · 9 = 90 5 · 6 = 30
1 · 6 = 6 10 · 10 = 100 2 · 5 = 10
5 · 3 = 15 1 · 2 = 2 5 · 4 = 20

2 2 · 2 + 1 · 2 = 3 · 2 5 · 4 + 2 · 4 = 7 · 4
4 + 2 = 6 20 + 8 = 28

10 · 8 − 1 · 8 = 9 · 8 5 · 3 − 1 · 3 = 4 · 3
80 − 8 = 72 15 − 3 = 12

Seite 5

1 4 · 6 = 24 5 · 6 = 30 3 · 7 = 21
6 · 4 = 24 6 · 5 = 30 7 · 3 = 21

2 3 · 6 = 18 4 · 7 = 28 8 · 10 = 80
6 · 3 = 18 7 · 4 = 28 10 · 8 = 80

3 1 · 4 = 4 → 4 · 1 = 4
10 · 3 = 30 → 3 · 10 = 30
5 · 6 = 30 → 6 · 5 = 30
5 · 7 = 35 → 7 · 5 = 35
2 · 8 = 16 → 8 · 2 = 16

Seite 6

1
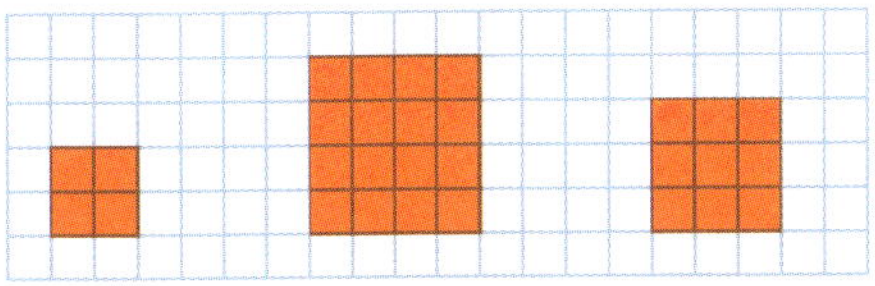

2 · 2 = 4 4 · 4 = 16 3 · 3 = 9

2 3 · 3 = 9 1 · 1 = 1 6 · 6 = 36 9 · 9 = 81
8 · 8 = 64 7 · 7 = 49 10 · 10 = 100 4 · 4 = 16
5 · 5 = 25 2 · 2 = 4

3 4 · 4 = 16 5 · 5 = 25 3 · 3 = 9
3 · 4 = 12 4 · 5 = 20 2 · 3 = 6

Seite 7

1 3 · 5 = 15 4 · 6 = 24 2 · 3 = 6
15 : 5 = 3 24 : 6 = 4 6 : 3 = 2

2 4 · 5 = 20 → 20 : 5 = 4
2 · 8 = 16 → 16 : 8 = 2
5 · 7 = 35 → 35 : 7 = 5
3 10 = 30 → 30 : 10 = 3

3 30 : 5 = 6 60 : 10 = 6 18 : 9 = 2
6 · 5 = 30 6 · 10 = 60 2 · 9 = 18

14 : 2 = 7 45 : 5 = 9 10 : 10 = 1
7 · 2 = 14 9 · 5 = 45 1 · 10 = 10

Seite 8

1 2 · 9 = 18 18 : 9 = 2
9 · 2 = 18 18 : 2 = 9

8 · 4 = 32 32 : 4 = 8
4 · 8 = 32 32 : 8 = 4

2 6 · 3 = 18 6 · 7 = 42 8 · 5 = 40
3 · 6 = 18 7 · 6 = 42 5 · 8 = 40
18 : 3 = 6 42 : 7 = 6 40 : 5 = 8
18 : 6 = 3 42 : 6 = 7 40 : 8 = 5

6 · 5 = 30 8 · 7 = 56 9 · 8 = 72
5 · 6 = 30 7 · 8 = 56 8 · 9 = 72
30 : 5 = 6 56 : 7 = 8 72 : 8 = 9
30 : 6 = 5 56 : 8 = 7 72 : 9 = 8

Seite 9

1
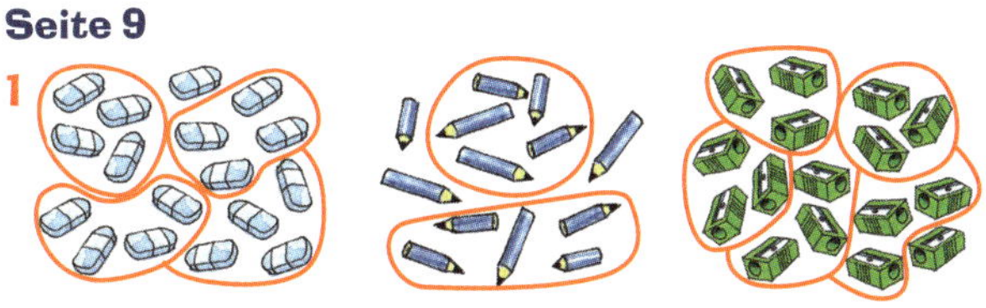

17 : 4 = 4 R 1 13 : 5 = 2 R 3 16 : 3 = 5 R 1

2 5, 10, 15, 20, 25, 30, 35, 40, 45, 50

3

Kein Rest	Rest 1	Rest 2	Rest 3	Rest 4
5	6	22	23	29
40	31	27	8	24
25	11	42	33	34
15	46	37	13	9

Seite 10

1

•	1	2	3	4	5	6	7	8	9	10
1	1	2	3	4	5	6	7	8	9	10
2	2	4	6	8	10	12	14	16	18	20
0	0	0	0	0	0	0	0	0	0	0

2 5 · 1 + 7 · 2 = 19 3 · 0 + 5 · 2 = 10
9 · 2 − 3 · 1 = 15 6 · 2 − 9 · 0 = 12

3 0 · 3 = 0 5 · 2 = 10 1 · 8 = 8
14 : 2 = 7 8 : 1 = 8 4 : 2 = 2
7 · 0 = 0 2 · 3 = 6 18 : 2 = 9

4

	6	2	8	0	4	10	16	12	14	18	20
: 2	3	1	4	0	2	5	8	6	7	9	10

Seite 11

1 So musst du verbinden:
5, 10, 15, 20, 25, 30, 35, 40, 45, 50.
Du erkennst einen Schneemann.

2

•	1	2	3	4	5	6	7	8	9	10
5	5	10	15	20	25	30	35	40	45	50
10	10	20	30	40	50	60	70	80	90	100

Beim Multiplizieren mit 10 ist das Ergebnis doppelt so groß wie beim Multiplizieren mit 5.

Lösungen

3 3 · 5 = 15 | 4 · 10 = 40 | 6 · 5 = 30
15 : 5 = 3 | 40 : 10 = 4 | 30 : 5 = 6

9 · 5 = 45 | 2 · 10 = 20 | 7 · 10 = 70
45 : 5 = 9 | 20 : 10 = 2 | 70 : 10 = 7

Seite 12

1 Diese Felder malst du aus:
36, 20, 12, 28, 24, 8, 32, 16, 4, 40.
Du erkennst ein Monster.

2 3 · 4 = 12 | 16 : 4 = 4 | 2 · 4 = 8
0 · 4 = 0 | 4 · 9 = 36 | 20 : 5 = 4
28 : 4 = 7 | 32 : 4 = 8 | 4 · 1 = 4
6 · 4 = 24 | 36 : 4 = 9 | 40 : 4 = 10

3 5 : 4 = 1 R 1 | 21 : 4 = 5 R 1 | 18 : 4 = 4 R 2
15 : 4 = 3 R 3 | 10 : 4 = 2 R 2 | 37 : 4 = 9 R 1
23 : 4 = 5 R 3 | 31 : 4 = 7 R 3 | 26 : 4 = 6 R 2

Seite 13

1 3 · 8 = 24 | 7 · 8 = 56 | 4 · 8 = 32
1 · 8 = 8 | 5 · 8 = 40 | 2 · 8 = 16
2 · 8 = 16 | 2 · 8 = 16 | 2 · 8 = 16

2 40 : 8 = 5 | 48 : 8 = 6 | 32 : 8 = 4
72 : 8 = 9 | 64 : 8 = 8 | 80 : 8 = 10

3 5 · 8 = 40 ⟵U⟶ 40 : 8 = 5
16 : 8 = 2 ⟵U⟶ 2 · 8 = 16
3 · 8 = 24 ⟵U⟶ 24 : 8 = 3
7 · 8 = 56 ⟵U⟶ 56 : 8 = 7
64 : 8 = 8 ⟵U⟶ 8 · 8 = 64
6 · 8 = 48 ⟵U⟶ 48 : 8 = 6
32 : 8 = 4 ⟵U⟶ 4 · 8 = 32

Seite 14

1

2 2 · 3 = 6 | 36 : 9 = 4 | 0 · 4 = 0
8 · 8 = 64 | 16 : 8 = 2 | 24 : 3 = 8
4 · 5 = 20 | 16 : 4 = 4 | 40 : 4 = 10
8 · 5 = 40 | 72 : 9 = 8 | 9 · 4 = 36
4 · 8 = 32 | 20 : 10 = 2 | 2 · 1 = 2
7 · 2 = 14 | 48 : 6 = 8 | 4 · 7 = 28

Seite 15

1

		3			6			9	
	12			15			18		
21			24			27			30

2 1 · 3 = 3 → 3 · 1 = 3 | 3 · 9 = 27 → 9 · 3 = 27
5 · 3 = 15 → 3 · 5 = 15 | 3 · 10 = 30 → 10 · 3 = 30
2 · 3 = 6 → 3 · 2 = 6 | 7 · 3 = 21 → 3 · 7 = 21
3 · 6 = 18 → 6 · 3 = 18 | 4 · 3 = 12 → 3 · 4 = 12

3 12 : 3 = 4 | 5 · 3 = 15 | 18 : 3 = 6
24 : 8 = 3 | 27 : 3 = 9 | 3 · 7 = 21
10 · 3 = 30 | 21 : 3 = 7 | 0 : 3 = 0
30 : 10 = 3 | 3 · 5 = 15 | 3 : 1 = 3
15 : 3 = 5 | 9 : 3 = 3 | 4 · 3 = 12

Seite 16

1 So musst du verbinden:
6, 12, 18, 24, 30, 36, 42, 48, 54, 60.
Du erkennst ein Ufo.

2 1 · 6 = 6 | 3 · 6 = 18 | 24 : 6 = 4 | 18 : 6 = 3
6 · 6 = 36 | 4 · 6 = 24 | 48 : 6 = 8 | 60 : 6 = 10
2 · 6 = 12 | 8 · 6 = 48 | 6 : 6 = 1 | 54 : 6 = 9
10 · 6 = 60 | 7 · 6 = 42 | 42 : 6 = 7 | 30 : 6 = 5
5 · 6 = 30 | 9 · 6 = 54 | 12 : 6 = 2 | 36 : 6 = 6

3 25 : 6 = 4 R 1 | 59 : 6 = 9 R 5 | 50 : 6 = 8 R 2
20 : 6 = 3 R 2 | 21 : 6 = 3 R 3 | 11 : 6 = 1 R 5
39 : 6 = 6 R 3 | 52 : 6 = 8 R 4 | 43 : 6 = 7 R 1
34 : 6 = 5 R 4

Seite 17

1

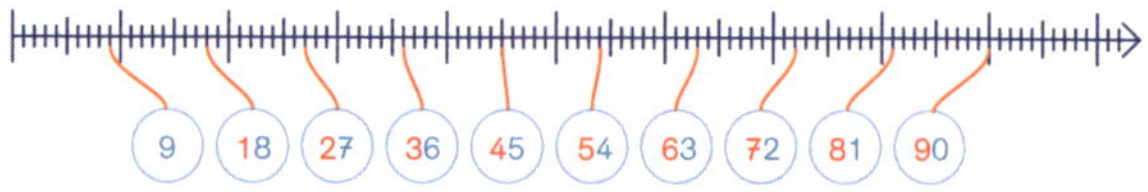

2

Stück	1	5	3	2	4	9	6	10	8
Preis	9€	45€	27€	18€	36€	81€	54€	90€	72€

3 Diese Felder malst du aus:
27, 45, 81, 63, 90, 18, 9, 36, 72, 54.
Du erkennst ein Segelboot.

4 81 : 9 = 9 | 4 · 9 = 36 | 2 · 9 = 18 | 6 · 9 = 54
2 · 9 = 18 | 9 · 5 = 45 | 90 : 10 = 9 | 9 · 7 = 63
0 · 9 = 0 | 9 : 9 = 1 | 3 · 9 = 27 | 9 · 9 = 81

Seite 18

1

•	5	1	8	4	6	2	3	9	7	10
3	15	3	24	12	18	6	9	27	21	30
6	30	6	48	24	36	12	18	54	42	60
9	45	9	72	36	54	18	27	81	63	90

2 6 · 6 = 36 → 4 · 9 = 36 | 4 · 3 = 12 → 2 · 6 = 12
3 · 3 = 9 → 1 · 9 = 9 | 4 · 6 = 24 → 8 · 3 = 24
3 · 9 = 27 → 9 · 3 = 27 | 3 · 6 = 18 → 2 · 9 = 18

3 Dividiere die Zahl 36 durch 9. → 36 : 9 → 4
Verdopple die Zahl 9. → 2 · 9 → 18
Multipliziere die Zahl 3 mit 7. → 3 · 7 → 21
Halbiere die Zahl 6. → 6 : 2 → 3
Dividiere die Zahl 42 durch 6. → 42 : 6 → 7

Seite 19

1 So musst du verbinden:
7, 14, 21, 28, 35, 42, 49, 56, 63, 70.
Du erkennst ein Feuerwehrauto.

2 5 · 7 = 35 → 35 : 7 = 5
9 · 7 = 63 → 63 : 7 = 9
6 · 7 = 42 → 42 : 7 = 6
4 · 7 = 28 → 28 : 7 = 4
8 · 7 = 56 → 56 : 7 = 8
7 · 7 = 49 → 49 : 7 = 7

3

7 · 5 = 35	7 · 6 = 42	9 · 7 = 63
5 · 7 = 35	6 · 7 = 42	7 · 9 = 63
35 : 5 = 7	42 : 6 = 7	63 : 7 = 9
35 : 7 = 5	42 : 7 = 6	63 : 9 = 7

Seite 20

1

4 · 2 = 8	8 · 2 = 16	6 · 3 = 18	12 · 3 = 36
2 · 4 = 8	4 · 4 = 16	3 · 6 = 18	6 · 6 = 36
1 · 8 = 8	2 · 8 = 16	2 · 9 = 18	4 · 9 = 36

2

6 · 2 = 12	2 · 8 = 16	2 · 5 = 10	1 · 9 = 9
7 · 2 = 14	3 · 8 = 24	3 · 5 = 15	2 · 9 = 18
8 · 2 = 16	4 · 8 = 32	4 · 5 = 20	3 · 9 = 27

3

5 · 6 = 30	5 · 7 = 35	5 · 8 = 40
3 · 7 = 21	3 · 8 = 24	3 · 9 = 27
3 · 8 = 24	3 · 9 = 27	3 · 10 = 30
7 · 3 = 21	7 · 4 = 28	7 · 5 = 35

Seite 21

4 2 · 5 = 10
4 · 2 = 8
4 · 3 = 12

10 + 8 + 12 = 30
6 · 5 = 30

3 · 5 = 15
4 · 2 = 8
1 · 5 = 5

15 + 8 + 5 = 28
4 · 7 = 28

5

Seite 22

1

9 · 4 = 36 → 6 · 6 = 36	3 · 6 = 18 → 9 · 2 = 18
10 · 4 = 40 → 8 · 5 = 40	8 · 2 = 16 → 4 · 4 = 16
3 · 4 = 12 → 2 · 6 = 12	5 · 4 = 20 → 10 · 2 = 20
2 · 4 = 8 → 1 · 8 = 8	

2

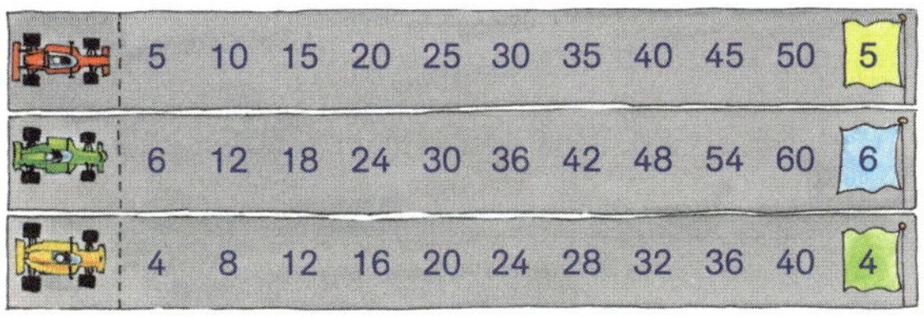

3 12, 24 10
21, 24, 27 9

Seite 23

4

3 · 9 = 27	6 · 8 = 48	7 · 5 = 35
7 · 8 = 56	9 · 4 = 36	0 · 10 = 0
7 · 6 = 42	2 · 7 = 14	6 · 2 = 12

5

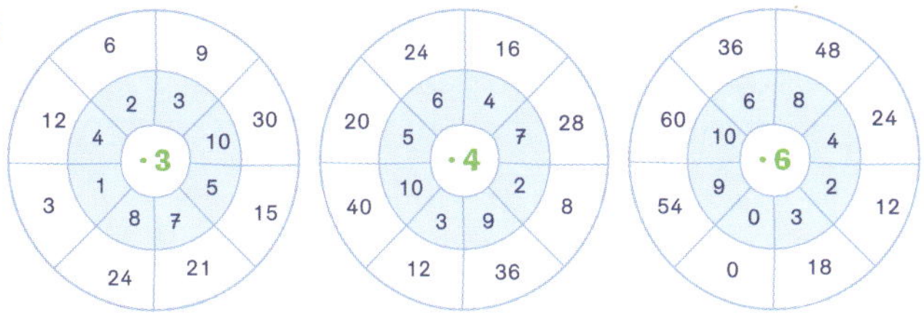

Seite 24

1 21 : 7 + 20 : 4 − 42 : 7 = 2
63 : 9 − 25 : 5 + 12 : 2 = 8
10 : 10 + 24 : 3 + 24 : 6 = 13
8 : 1 + 16 : 8 − 54 : 9 = 4

2

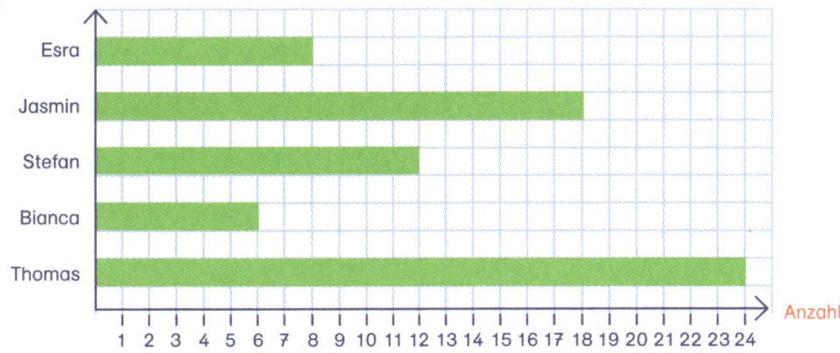

Seite 25

3

Lösungen

Seite 26

1 3 · 1 = 3 | 2 · 4 = 8 | 3 · 2 = 6
3 · 10 = 30 | 2 · 40 = 80 | 3 · 20 = 60

2 5 · 4 = 20 → 5 · 40 = 200 → 50 · 4 = 200
7 · 9 = 63 → 70 · 9 = 630 → 7 · 90 = 630
3 · 3 = 9 → 3 · 30 = 90 → 30 · 3 = 90
8 · 6 = 48 → 8 · 60 = 480 → 80 · 6 = 480
6 · 2 = 12 → 6 · 20 = 120 → 60 · 2 = 120
2 · 7 = 14 → 20 · 7 = 140 → 2 · 70 = 140

Seite 27

3 7 · 3 = 21 | 2 · 5 = 10 | 4 · 9 = 36
7 · 30 = 210 | 2 · 50 = 100 | 4 · 90 = 360
70 · 3 = 210 | 20 · 5 = 100 | 40 · 9 = 360

4 40, 80, 120, 160, 200, 240, 280, 320, 360, 400
80, 160, 240, 320, 400, 480, 560, 640, 720, 800
30, 60, 90, 120, 150, 180, 210, 240, 270, 300

5 6 · 50 = 300 | 70 · 9 = 630 | 80 · 4 = 320
50 · 6 = 300 | 9 · 70 = 630 | 4 · 80 = 320

Seite 28

1 36 : 9 = 4 | 40 : 5 = 8
360 : 9 = 40 | 400 : 5 = 80
360 : 90 = 4 | 400 : 50 = 8

24 : 6 = 4 | 16 : 2 = 8
240 : 6 = 40 | 160 : 2 = 80
240 : 60 = 4 | 160 : 20 = 8

18 : 3 = 6 | 21 : 7 = 3
180 : 3 = 60 | 210 : 7 = 30
180 : 30 = 6 | 210 : 70 = 3

2 210 : 7 = 30 | 320 : 8 = 40 | 420 : 6 = 70
90 : 3 = 30 | 200 : 5 = 40 | 140 : 2 = 70
270 : 9 = 30 | 40 : 1 = 40 | 630 : 9 = 70

Seite 29

3 180 : 2 = 90 → 90 · 2 = 180
120 : 4 = 30 → 30 · 4 = 120
350 : 7 = 50 → 50 · 7 = 350
420 : 6 = 70 → 70 · 6 = 420
240 : 3 = 80 → 80 · 3 = 240

4

	250	500	20
: 5	50	100	4

	160	36	8
: 4	40	9	2

	56	560	640
: 8	7	70	80

	49	630	560
: 7	7	90	80

	120	240	60
: 6	20	40	10

	180	200	60
: 2	90	100	30

	210	27	270
: 3	70	9	90

Seite 30

1 5 · 7 + 5 = 40 | 6 · 7 − 2 = 40
2 · 9 − 1 = 17 | 3 · 5 + 2 = 17
9 · 8 − 16 = 56 | 9 · 4 + 20 = 56

2 4 · 6 + 13 = 37 | 35 − 7 · 3 = 14 | 81 − 9 · 7 = 18
2 · 5 + 24 = 34 | 6 + 6 · 4 = 30 | 2 · 9 − 7 = 11
10 + 3 · 5 = 25 | 94 − 9 · 9 = 13 | 4 · 8 + 66 = 98

Das Lösungswort lautet ANTARKTIS.

Seite 31

1 + 2

·	1	2	3	4	5	6	7	8	9	10
1	1	2	3	4	5	6	7	8	9	10
2	2	4	6	8	10	12	14	16	18	20
3	3	6	9	12	15	18	21	24	27	30
4	4	8	12	16	20	24	28	32	36	40
5	5	10	15	20	25	30	35	40	45	50
6	6	12	18	24	30	36	42	48	54	60
7	7	14	21	28	35	42	49	56	63	70
8	8	16	24	32	40	48	56	64	72	80
9	9	18	27	36	45	54	63	72	81	90
10	10	20	30	40	50	60	70	80	90	100

3 6 · 8 = 48 | 5 · 5 = 25 | 1 · 2 = 2
6 · 9 = 54 | 6 · 4 = 24 | 1 · 4 = 4
7 · 8 = 56 | 6 · 6 = 36 | 2 · 3 = 6

Seite 32

4

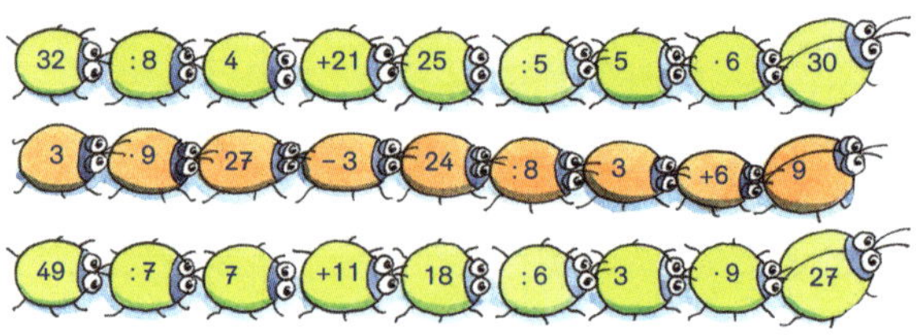

5 5 + 4 = 9 | 3 · 4 + 6 = 18
6 · 6 = 36 | 5 · 5 − 2 = 23
81 : 9 = 9 | 10 · 3 − 10 = 20
64 − 8 = 56 | 32 : 4 − 4 = 4

6

45	:	9	=	5
−				·
12	:	4	=	3
=				=
33	−	18	=	15

56	:	8	=	7
−				·
24	:	8	=	3
=				=
32	−	11	=	21

Seite 33

7 7 · 40 = 280   50 · 6 = 300   80 · 9 = 720

· 7	
5	35
60	420
3	21
80	560

: 6	
48	8
18	3
300	50
240	40

· 40	
3	120
5	200
9	360
20	800

4	· 60	240	: 30	8	· 6	=	48

50	· 8	400	: 100	4	· 4	=	16

490	: 70	7	· 4	28	: 2	=	14

3, 6, 9, 12, 15, 18, 21, 24, 27, 30
5, 10, 15, 20, 25, 30, 35, 40, 45, 50
7, 14, 21, 28, 35, 42, 49, 56, 63, 70
13 : 2 = 6 R 1   23 : 3 = 7 R 2   47 : 5 = 9 R 2
41 : 6 = 6 R 5   62 : 7 = 8 R 6   27 : 8 = 3 R 3

Seite 34

8

9 Diese Lose gewinnen das Skateboard:
7 · 7 = 49   8 · 7 = 56   7 · 6 = 42   9 · 5 = 45
Diese Lose gewinnen die Frisbee-Scheibe:
5 · 5 = 25   4 · 6 = 24   9 · 3 = 27   0 · 9 = 0

Seite 35

1 **R:** 7 · 4 = 28
A: Herr Hammer wechselt insgesamt 28 Reifen.
R: 32 : 8 = 4
A: Jedes Kind bekommt 4 Kartoffelpuffer.
F: Wie viel bezahlen Tommy und Jonas?
R: 20 € : 10 = 2 €
6 · 2 € = 12 €   3 · 2 € = 6 €
A: Tommy bezahlt 12 € und Jonas 6 €.

Seite 36

2 **R:** 6 € + 2 € = 8 €   4 · 8 € = 32 €
A: Das Kostüm kostet 32 €.
R: 32 € − 8 € = 24 €   24 € : 4 € = 6
A: Celina muss noch 6 Wochen sparen.

3 **R:** 70 · 4 € = 280 €   80 · 3 € = 240 €
60 · 5 € = 300 €
280 € + 240 € + 300 € = 820 €
820 € − 90 € = 730 €
A: Metzger Bock nimmt 730 € ein.

Seite 37

4

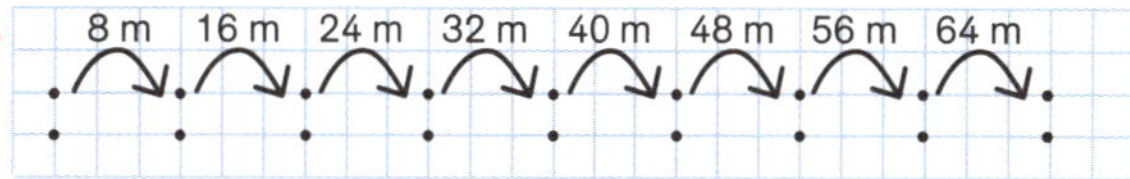

A: Der Gärtner muss 18 Rosenstöcke kaufen.

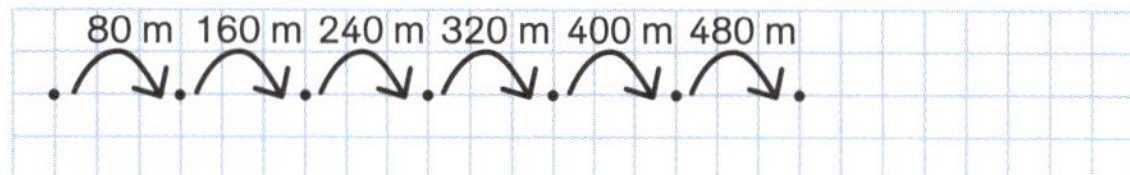

R: 7 · 100 T = 700 T
A: Der König muss 700 Taler ausgeben.

Seite 38

5 **R:** Bälle: 3 · 4 € = 12 €   Tücher: 5 · 6 € = 30 €
Keulen: 4 · 8 € = 32 €   Stäbe: 2 · 7 € = 14 €
Gesamtpreis: 12 € + 30 € + 32 € + 14 € = 88 €
Restbetrag: 100 € − 88 € = 12 €
A: Alina bleiben 12 € übrig.

Seite 39

1 Die gesuchten Zahlen heißen: 7, 27, 40, 6, 30.

Seite 40

2 Lösungswort: RAPUNZEL

Seite 41

1

	Vampir	Hexe	Pirat	Gespenst	Skelett
Name	Tom	Elsi	Amelie	Frederik	Lukas
Geschenk	Bonbons	Lolli	Muffin	Kekse	Brause
Haus-Nr.	25	21	23	26	24

Seite 42

2

15 Tiere		
5 Vögel	5 Vögel	5 Hasen

F: Wie viele Vögel und wie viele Hasen sind es?
R: 15 : 3 = 5   5 · 2 = 10
A: Es sind 5 Hasen und 10 Vögel.
R: 5 · 4 = 20   10 · 2 = 20   20 + 20 = 40
A: Sie haben zusammen 40 Beine.

3

45 Boote				
9 rote	9 rote	9 rote	9 rote	9 gelbe

R: 45 : 5 = 9   4 · 9 = 36
A: Es sind 36 rote und 9 gelbe Boote.